はじめての飼育 ⑧

かってみたい生きもの

指導・<small>東京学芸大学附属</small>小金井小学校生活科部　文・本間正樹　写真・菊池東太

小峰書店

22ページ	23ページ	24ページ

25ページ	26ページ	27ページ

28ページ	カード・見つけかたのページ	30ページ

もくじ

🔍 **さがしてみよう**のページ
👉 4ページ〜13ページ

🧰 **かいかた**のページ
👉 14ページ〜29ページ

📋 **カード・見つけかた**のページ
👉 30ページ〜32ページ

もっとくわしく知りたい！
👉 33ページ〜35ページ

＊この巻ででてくる生きものの名前は種名ではなく、わかりやすい呼び名をのせました。

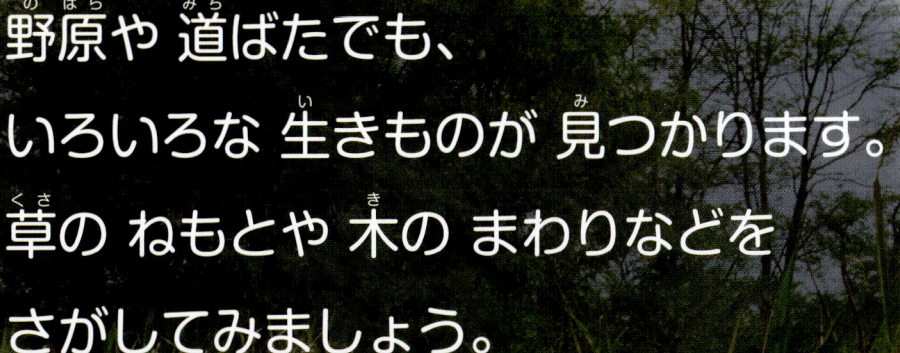

野原や 道ばたでも、いろいろな 生きものが 見つかります。草の ねもとや 木の まわりなどを さがしてみましょう。

かってはいけない

スズメなどの 野鳥

かうのがむずかしい

トカゲの なかま

チョウの せい虫

ミツバチ

⚠ ちゅういしよう

- 工事をしている 場所など、たちいりきんしの ところには はいらない。
- 人の 家の にわなどに かってに はっては いけない。

きけんな 生きもの

スズメバチ さされると、しんでしまうことも ある。とにかく ちかづかないこと！

林には、いろいろな 木や 草が はえていますね。
どんな ところで、どんな
生きものが 見つかるでしょう。
さがしてみましょう。

かってはいけない

ヒヨドリなどの 野鳥

かうのがむずかしい

セミ

クモ

ヘビ

⚠ ちゅういしよう

● 木の えだなどで 目を ついたりしないように しよう。

● 木や 草で かぶれたり、はだを 切ったりしないように、長そで、長ズボン、くつ、それに、ぼうしを かぶることを、わすれずに。

きけんな 生きもの

毛虫　さわると かぶれたり、いたくなったりすることがあるので、ちゅういする。

小川や田んぼで見つけよう

かうのがかんたん

タニシ

カメ

ザリガニ

サワガニ

オタマジャクシ

イモリ

小川には 水のなかに すむ 生きもののほかに、それを 食べる 鳥や 虫が やってきます。田んぼでは オタマジャクシや アメンボなどが 見つかるかもしれませんよ。

かってはいけない

カモなどの 野鳥

サギなどの 野鳥

かうのがむずかしい

トンボ

カエル

アメンボ

⚠ ちゅういしよう

- 川では きゅうに 水がふえて、流れが はやく なることが ある。おとなの人と いっしょに いくように しよう。
- 田んぼの イネを ふみあらさないように しよう。

きけんな 生きもの

マムシ 強い どくを もつ ヘビ。見つけても ぜったいに ちかよらないこと。

海で見つけよう

かうのがかんたん

ヤドカリ

イソガニ

アカテガニ

アサリ

海べでは どんな 生きものが
見つかるでしょうか？
すなはまよりも いわや 石の 多い いそのほうが
たくさんの 生きものが 見つかるはずですよ。

かってはいけない

カモメなどの 野鳥

かうのがむずかしい

フナムシ

カメノテ

⚠️ **ちゅういしよう**

- いそでは ゆびや 足を 切りやすい。
- ぬれた いそは、すべって ころびやすい。
- 海は しずかなようでも、とつぜん、高い なみが くることもある。
- おとなの 人と いっしょに いくように しよう。

きけんな 生きもの

ゴンズイ　ヒレに どくのある とげを もっていて、さされると、とても いたい。

どうぶつえんに いってみよう

どうぶつえんにいくと、
いろいろな どうぶつを 見られます
ふれあうことが できる
どうぶつえんも あります。

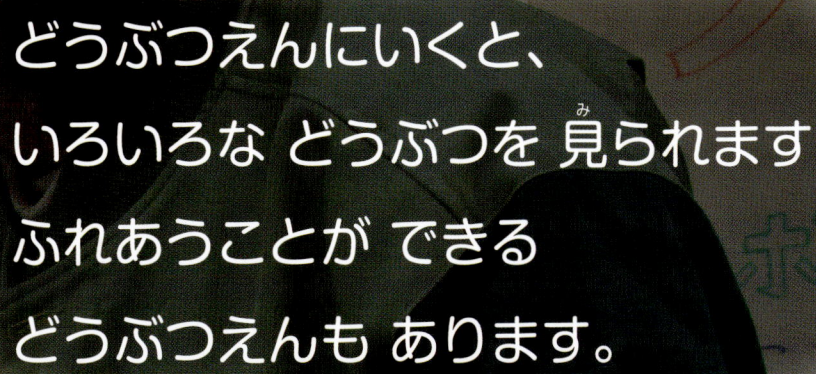

こんなどうぶつとふれあうことができるかも

ウサギや モルモット

ヤギ

ヒツジ

ハツカネズミ

バッタを かってみよう

よくいる場所
野原。田んぼや はたけ。草の かげや はの 上。

かいかた
なるべく 大きな しいくケースで かう。しんぶんしなどを しいておくと、そうじが しやすい。

えさ
エノコログサなど、見つけたところに はえている 草。リンゴ。

ちゅういすること
バッタは 明るいところが すき。でも、日光が あたるところに ケースを おくと、バッタが よわってしまう。それに、えさの 草も しおれてしまう。

えさ

リンゴ

エノコログサなどの 草

テントウムシを かってみよう

よくいる場所
野原や 道ばたの 花だん。木や 草の はや えだ、くき。

かいかた
あきびんなどでも かうことが できる。ガーゼなどを ぴったり かぶせて、わゴムで とめる。ケースの そこには、しんぶんし を しく。

えさ
生きている アブラムシ。

ちゅういすること
テントウムシは 1日に 10ぴき いじょう の アブラムシを 食べる。アブラムシが ついている 草や 木の えだを そのまま と ってこよう。

15

アリを かってみよう

よくいる場所
道ばたの 花だんや あき地などの 地面の 上。

かいかた
しいくケースは ペットボトルを つかっても よい。
アリが にげださないように、ラップなどで ふたをする。

えさ
こん虫ゼリー、さとう、にぼし、リンゴなどの くだもの、こんちゅうの しがいなど。

ちゅういすること
土が かんそうしないように、ときどき きりふきで しめらせてやる。

つかわない
あなを あけた ラップ
黒い かみを まく

えさ
こん虫ゼリー
にぼし
リンゴ
虫の しがい

スズムシを かってみよう

よくいる場所
野原や 石がきの すきまなど。ペットショップなどでも 売っている。

かいかた
うえきばちなどで かくれるところを つくってやる。かれ木を いれてやると、かくれがになる。

えさ
キャベツ、リンゴ、ナス、キュウリ などのほか、にぼしや けずりぶし。

ちゅういすること
しいくケースを 日光の あたるところに おかない。
ケースのなかが かわいたら、きりふきで しめらせてやる。

えさ
- キャベツ
- リンゴ
- ナス
- キュウリ
- にぼしを こなにしたもの

カブトムシを かってみよう

よう虫は たいひを よく 食べる。

よくいる場所
せい虫は 林のなかの ナラや クヌギの 木。よう虫は たいひ（おちばなどを くさらせたもの）などの なか。

かいかた
たいひを しく。ペットショップなどで 売っている カブトムシマットを しいてもよい。木の えだなどを いれる。

えさ
リンゴ、バナナ、こん虫ゼリー、水で うすめた はちみつなど。

ちゅういすること
ひとつの しいくケースに オス1ぴき、メス1、2ひきほどで かう。土が かわきはじめたら、きりふきなどで しめらせてやる。

えさ
- リンゴ
- バナナ
- こん虫ゼリー
- はちみつは 木に ぬる

クワガタを かってみよう

よくいる場所
林のなかの ナラや クヌギの 木。

かいかた
たいひを しく。木の えだなどを いれる。

えさ
リンゴ、バナナ、こん虫ゼリー、水で うすめた はちみつなど。

ちゅういすること
ひとつの しいくケースに オス1ぴき、メス1、2ひきほどで かう。
土が かわきはじめたら、きりふきなどで しめらせてやる。

えさ
リンゴ　バナナ　こん虫ゼリー
はちみつは 木に ぬる

カマキリを かってみよう

よくいる場所
林や 野原、はたけなど。木や 草の 上。

かいかた
高さが 30センチメートルいじょうの しいくケースが よい。
木の えだを いれて、とまり木に する。
とも食いしやすいので、1ぴきずつ べつべつの ケースで かう。

えさ
コオロギや ハエなどの 生きている 虫。
バナナの かわなどを いれておくと、ハエが やってくる。それが えさに なる。

ちゅういすること
きりふきで ケースのなかを しめらせてやる。

えさ
コオロギ　　ハエ

オタマジャクシを かってみよう

よくいる場所
小川や 田んぼなど。

かいかた
まえあしが はえたら、石などで りくを つくってやる。木を うかべても よい。

えさ
水草、にぼし、かつおぶし、金魚のえさ、ごはんつぶ、パンなど。

ちゅういすること
水が よごれたら、水かえを する。
えさは 1日1回。1時間ほどで 食べてしまうぐらいが よい。
いろいろな えさを やると よい。
カエルに なったら にがして やろう。

えさ
水草　にぼし　かつおぶし　金魚のえさ　ごはんつぶや パンくず

カメを かってみよう

よくいる場所
池や ぬま。ペットショップでも 売って いる。

かいかた
水そうの そこには すなや じゃりを しく。水を あさく いれて、りくちを つくる。

えさ
店で 売っている カメのえさ、ごはんつぶ、魚の 切りみなど。

ちゅういすること
日なたぼっこが すきなので、日光に あててやる。
あつすぎると 元気がなくなるので、日かげも つくってやる。

えさ
カメの えさ　ごはんつぶ　魚の 切りみ

アカテガニを かってみよう

よくいる場所
海が ちかい 川の きしべ。

かいかた
水は 海水でなくても よい。水そうの そこには すなや じゃりを しく。石で かくれるところを つくる。

えさ
魚の 切りみ、貝の むきみ、にぼし、にく、パン、やさいなど。

ちゅういすること
夏は 日かげの すずしいところに 水そうを おく。ときどき 日光に あててやる。冬は 日あたりのよい あたたかいところに おく。

えさ
- 魚の 切りみ
- 貝の むきみ
- にぼし
- にく
- ホウレンソウなどの やさい

アサリを かってみよう

よくいる場所
すなはまの すなの なか。

かいかた
水そうの そこには すなを 10センチメートルくらい しく。水は 海水を つかう。海水を くんでくることが できないときは、海水のもとを つかう。

えさ
海水のなかの 小さな 生きもの（プランクトン）や魚の ふんなど。

ちゅういすること
水そうで えさを あたえるのは むずかしい。1週間ぐらい かんさつしたら 海に もどしてやろう。

ヤドカリをかってみよう

よくいる場所
海の いそなど。ちかづくと、ころんと おちるので、よくわかる。

かいかた
水そうの そこには すなや じゃりを しく。水を あさく いれ、りくちを つくる。大きめの 石なども いれる。水は 海水を つかう。

えさ
貝の むきみ、しらす、海草など。

ちゅういすること
からだが 大きくなると、からが きゅうくつになる。ひとまわり 大きな 貝がらを いれておくと、自分で ひっこす。

えさ
貝の むきみ
海草
しらすぼし

モルモットを かってみよう

かいかた
ペットショップなどで モルモットようの かごが 売られている。プラスチックの いしょうケースでも かうことが できる。

えさ
店で 売っている モルモットの えさ。キャベツや ニンジンなどの やさい。リンゴなどの くだもの。

ちゅういすること
オスと メスを いっしょに かうと、どんどん 子どもが ふえる。
小さな 音にも びんかんなので、しずかな へやで かう。
かたいものを かじらないと、まえばが のびすぎる。かじり木を いれてやる。

かじり木（わらの たば など）

えさ
モルモットの えさ
キャベツ
ニンジン
リンゴ

ウサギを かってみよう

かいかた
ペットショップなどで ウサギようの かごが 売られている。プラスチックの いしょうケースでも かうことが できる。

えさ
店で 売っている ウサギのえさ。ニンジン、キャベツなどの やさい。リンゴなどの くだもの。

ちゅういすること
ウサギは しめったところが にがて。雨が ふきこまないところで かう。
夏は 風とおしの よい 日かげ。冬は 日あたりの よいところに かごを おく。
かたいものを かじらないと、まえばが のびすぎる。かじり木を いれてやる。

かじり木（カマボコ板 など）

えさ

キャベツ　ニンジン

ウサギの えさ　リンゴ

かいかたのきほん

▶▶ しいくケースのときは

しいくケースのなか

しいくケースのなかは できるだけ その生きものが すんでいた ところの ようすに ちかづけることが きほん。

ケースの そこには 土、すな、じゃり などを しく。

とんだり、ジャンプしたり、かべを よじのぼったりする 生きものを かうときは、ふたを しよう。

かくれがになる 木や 石、草などを いれてやろう。

えさのやりかた

えさを 土などに ちょくせつ おくと カビが はえたり、くさったり しやすい。

食べのこした えさは、くさるまえに とりだす。

つまようじに さしたり、さらの 上などに おく。

そうじ

しいくケースが よごれたら そうじしてやる。ケースの なかが ふけつになると、生きものが 病気に かかりやすくなる。

いっぴきが 病気になると、ほかの 生きものにも うつってしまうことが ある。

水あらいを する。しょっきようせんざいを つかってもよい。

病気の 生きものは べつのケースで かおう。

せんざいを つかったときは よく すすごう。

▶▶ 水そうのときは

水そうのなか

水そうのなかは できるだけ その生きものが すんでいた ところの ようすに ちかづける。

水を ふかくして 魚などを かうときは、ろかそうちや エアーポンプを つける。

じゃりや すなを 水そうの そこに しくと、水が にごりにくい。

かくれがになる 木や 石、水草などを いれてやる。

水かえとそうじ

水そうの 水は よごれたら かえよう。水が よごれると、生きものが 病気に かかりやすくなるからだ。

ろかそうちを つけているときの 水かえの 目安は 1、2週間に 1回、つけていないときは 1日から 3日に 1回だ。

1回の 水かえで ぜんぶ かえてしまうのではなく、水そうの はんぶんほどの 水を かえる。

水そうの 生きものを べつの ケースに うつしてから、そうじしよう。

じゃりも 水あらいする。

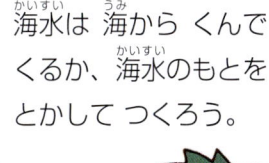

海水は 海から くんでくるか、海水のもとを とかして つくろう。

新しい 水は 日光に 半日以上 あてた 水を つかうと よい。

カードをつくろう

野原や 林、川や 海などで、
どんな 生きものが 見つかりましたか？
そのときの ようすを「はっけんカード」に
まとめて みましょう。

はっけんカード

どこで、どんな 生きものを 見つけたかを きろくする。

- 見つけた 場所の 絵。
- いつ、どこで、なにを 見つけたか。そのときの 天気など。
- 見つけたとき、生きものが、どんな ようすだったか。
- まわりには ほかに どんな 生きものが いたか。
- まわりには どんな 草や 木が はえていたか。

また、生きものを かってみて、かんさつしたことを
「かんさつカード」に まとめて みましょう。
つくったカードを、みんなで
はっぴょうしあうと たのしいですよ。

かんさつカード

かっている 生きものの ようすを
きろくする。

● はっけんしたことの 絵。
● いつ、なにを 見つけたか。そのときの 天気など。
● 生きものが どんな ようすだったか。

見つけかたのコツ

● どうやって見つけるの？

　しぜんのなかの 生きものは てきに 見つからないように かくれて いることが 多い。うまく 見つけるには 生きものの えさや くらしかたを 知ると よい。

　たとえば、カブトムシは 昼間は おちばの下や 木の 上で ねている。夕方から つぎの日の 朝に かけて、えさを さがす。ねているときは 見つかりにくいけれど、大すきな じゅえきを すっている 早朝などは、わりと かんたんに 見つけることが できる。

● どうやってつかまえるの？

　しぜんのなかの 生きものには 手で つかまえられる 生きものも いる。でも、虫とりあみや しかけなどを つかわないと つかまえにくいものも 多い。

　たとえば、はさみをもって、水のなかで すばやく うごく ザリガニは つかまえにくい。でも、スルメや にぼしなどを えさに すれば、かんたんに つることが できる。

　また、カブトムシは バナナや パイナップルに おさけを かけたものを 木に つるしておくと あつまってくる。ちかづいても にげずに 食べているので、つかまえるのが かんたんだ。

もっとくわしく知りたい！

*おとなの 人と いっしょに よんでください。

「はじめての飼育」について

　このシリーズでは、飼育法について、「こうしなさい」といった注意をあまりいれないようにしました。小学1、2年生がはじめて、自分自身で飼育を体験するための本だからです。

　もし飼育法の注意を多くして、失敗せずに飼うことばかりに気をつかいすぎると、もしかしたら、生きものがきらいになってしまうかもしれません。

　じょうずに飼えなくて残念ながら死んでしまったときでも、こんどはどうしたらいいかを考えるヒントにできることでしょう。また、生きものが死ぬのはしかたのないことだということも理解できるかもしれません。

　また、このシリーズでは、おもに野外でつかまえられる生きものをとりあげました。その自然環境のなかで生きものがどのように生きているのかに関心を向けてもらえたら、と思います。

　自然の生きものはみんな、自分の力で生きています。飼育して身近に観察することによって、「なるほど、うまく生きている」と気づくことがあります。そうして、それぞれの「生きる力」に気づいてもらいたいのです。

生きものにとって自然環境がどんなに大切かも学べればと思います。

これだけは守ろう

　生きものを探したり、飼ったりするときは、守らなければならないルールがあります。ルールを守らないと、けがをしたり、迷惑をかけたりすることになります。次のような点に注意しましょう。

●山や林の危険

　山や林にはスズメバチや毒ヘビなど、危険な生きものもいます。それらの生きものはふつう、近づいたり、急に動いたり、追いはらったりしなければ、おそってくることは、まずありません。

　もし、刺されたり、噛まれたりしたときは、すぐに病院に行きましょう。

●田んぼや畑を荒らさない

　田んぼや畑は農家の仕事場であり、財産です。ふみあらしたり、作物をきずつけたりしないようにしましょう。田んぼや畑に人がいるときは、お願いしてから生きものを探すようにしましょう。

●責任をもって飼う

　飼育するのがいやになったからといって生きものの世話をやめたり、逃がしたりするのは、やめましょう。

飼うのが難しい生きもの

自然のなかの生きものには、たとえかんたんにつかまえられても、子どもたちにとっては飼うことが難しいものもいます。

どんな生きものの飼育が難しいのか、あげてみましょう。

①飛びまわる生きもの

空を飛びまわる生きものは、広い飼育ケースを用意しても、飼うのが難しいです。

とくにトンボやハチなどは、速いスピードで飛びまわり、えさや花を探します。

飼育は不可能ではありませんが、子どもたちが飼うには、えさの用意などに手間がかかりすぎます。

トンボは飼うのが難しい生きもの。

もっとしりたい

鳥の飼育

インコやオウムなどの鳥は人気のあるペットのひとつです。これらの鳥は、人間が昔から飼い慣らしてきた鳥なので、鳥かごでも飼うことができます。

しかし、スズメ、ツバメ、カラスなどの野鳥は飼ってはいけません。特別な許可を得ないで野鳥をとったり、飼ったりすることは、法律でも禁止されています。

ゴミをあらしたりする困りもののカラスも、勝手にとってはいけない。

②えさを用意するのがむずかしい生きもの

生きたえさしか食べないものは長期間飼育するのが難しいものです。たとえば、クモやトカゲなどです。

生きたえさを毎日、自分でつかまえてくるのは無理があります。もしどうしても飼いたいときは、ペットショップで売られている、えさ用のコオロギなどを利用するとよいでしょう。

トカゲのなかまのカナヘビ。コオロギなどの虫を食べる。

③近所への配慮が必要な生きもの

ニワトリやヤギ、ブタなどの家畜は飼育自体はそれほど難しいものではありません。小学校で飼っていることもあります。

しかし、マンションや都市部で飼うのは難しいです。ある程度広い小屋がないといけませんし、近所の迷惑になることもあるからです。

たとえば、オスのニワトリは朝早くから鳴くので、近所から苦情がくることもあります。また、羽毛やふんのにおいも苦情のもとになります。

ペットの犬などを飼うときも、散歩のときにふんをもちかえるなど、マナーを守ることがたいせつです。

しらべてみよう

特定外来生物

外来生物のなかで、生態系や人間、農作物に悪影響を及ぼすものは特定外来生物に指定されています。特定外来生物は一般の人が飼うことはもちろん、運搬、譲渡、野外に放つことなども、禁止されています。

魚釣りで人気のあるブラックバス、ブルーギルなどの魚類だけでなく、ハリネズミ、カミツキガメ、ウシガエルなど、よく知られている生物のなかにも特定外来生物がいます。

環境省のホームページ (http://www.env.go.jp/nature/intro/1outline/index.html) で、特定外来生物のリストを見ることができます。

ブルーギルは北アメリカ原産の淡水魚。体長は25cmくらい。

- 指導……東京学芸大学附属小金井小学校生活科部
- 文……本間正樹
- 写真……菊池東太
- 絵……大森眞司
- 装丁……伊藤賦樹
- デザイン……栗本順史［明昌堂］
- 企画・編集……伊藤素樹［小峰書店］／大角　修・村田　亘［地人館］
- 取材協力……千葉市動物公園
- 参考にした図書・ホームページ

『新ポケット版 学研の図鑑⑧　飼育・栽培』中山周平・平井博 監修・指導／学研教育出版／2010年
『モルモットの衣・食・住』徳永有喜子／ジュリアン／2009年

石川県ふれあい昆虫館　https://www.furekon.jp/
環境省　https://www.env.go.jp/
森林総合研究所　https://www.ffpri.affrc.go.jp/

本書のコピー、スキャン、デジタル化等の無断複製は著作権法上での例外を除き禁じられています。本書を代行業者等の第三者に依頼してスキャンやデジタル化することは、たとえ個人や家庭内での利用であっても一切認められておりません。

はじめての飼育8

かってみたい生きもの

NDC480　35p　29cm

2011年4月5日　第1刷発行　　2022年5月30日　第5刷発行

指　　　導	東京学芸大学附属小金井小学校生活科部
発 行 者	小峰広一郎
発 行 所	株式会社小峰書店 〒162-0066 東京都新宿区市谷台町4-15
	電話／03-3357-3521　FAX／03-3357-1027　https://www.komineshoten.co.jp/
組　　　版	株式会社明昌堂
印刷・製本	図書印刷株式会社

©2011 Komineshoten　Printed in Japan　　　　　　　　　　　ISBN978-4-338-26208-8
乱丁・落丁本はお取り替えいたします。